畅游菜园与花海

混合庭院设计与四季打理技巧

日本FG武藏 编
龙亚琳 译

机械工业出版社
CHINA MACHINE PRESS

前 言

从东京乘车约一小时，便可到达埼玉县·毛吕山町，这里的里山恬静而广阔，“玫瑰绿园”就坐落其中。庭院由主人齐藤亲自照料，绿意奔放，又尽显岁月沧桑，给人留下极为深刻的印象。

在三十多年前的一段悠长时光里，她都在对这片土地进行耕作，丈夫修葺小路，自己则种植月季等花草来改造庭院。齐藤对我们说道：“如今回想起来，那真是一段愉快的时光。”

她的心中一直珍藏着这样的想法：“只要植物在舒适的环境下被精心呵护，最终会变成美丽的栽植——造园就是造景。”

齐藤有自己独特的造园风格。她并不在一开始就做好设计和规划，而是通过不断试错来对庭院进行改造。

植物蓬勃生长，几乎将土地全部覆盖，这样精彩的景色便是花园主人对自家庭院了如指掌的最好证明。

“让花草在本属于它们的地方轻松成长。”

这便是“玫瑰绿园”的初衷。

迎春花清秀雅致，郁金香清爽宜人。

铁线莲攀附着繁盛艳丽的月季。

惹人怜爱的野花，盛开在秋风之中——

眺望窗外，景色渐次变化，让人随之感到季节更迭。

目 录

绿意与繁花的同台演绎
——让人着迷的浪漫庭院
欢迎来到玫瑰绿园

齐藤美江的玫瑰绿园如镶嵌于自然的一块璞玉，仿佛浑然天成。富有田园气息的风景、美丽的花草构成了这里美轮美奂的四季——今天就带大家一起去参观，这个位于里山、被绿意覆盖的世外桃源。

Green Rose Garden MAP
玫瑰绿园地图

庭院约 1200m²，由九个区域构成。

我们将着眼于不同区域的氛围与植物的差异，为大家介绍花园。

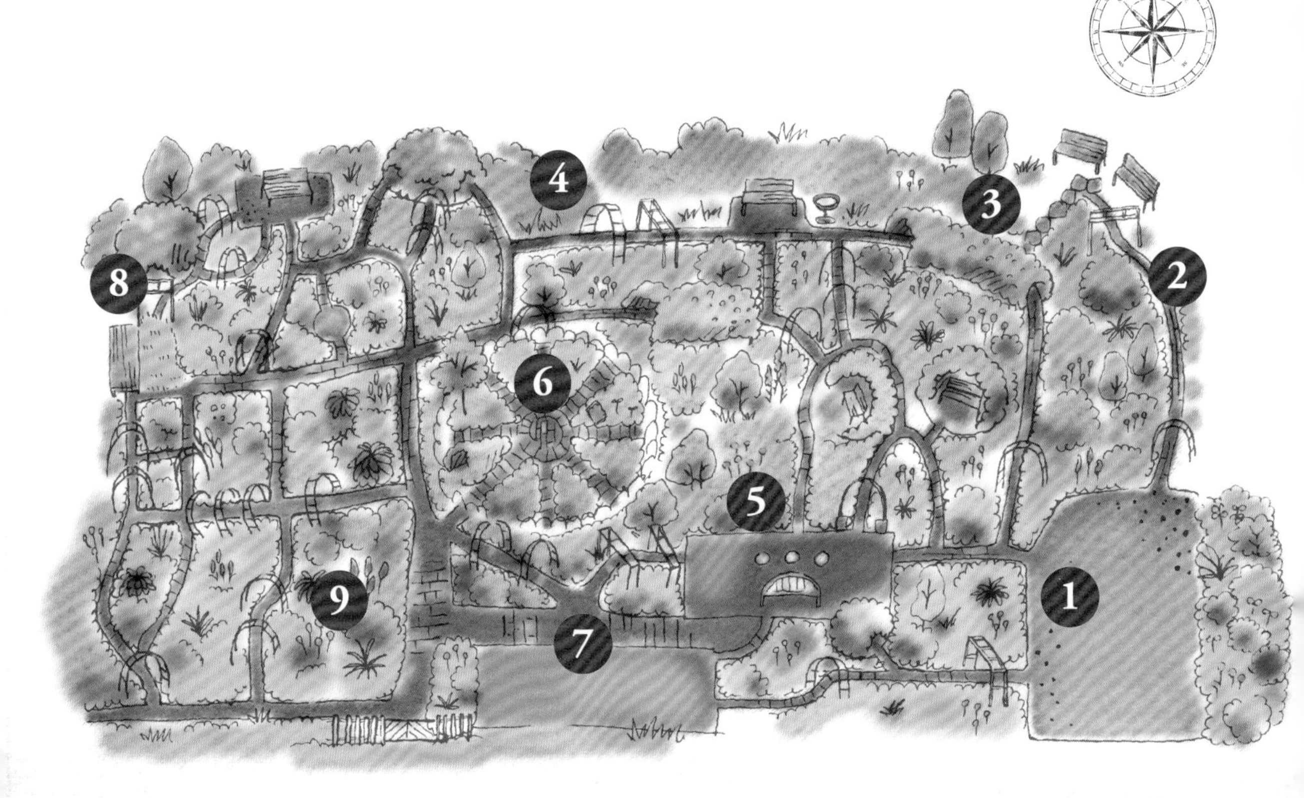

区域介绍

1. 秘密花园的入口
2. 小球根盛开之丘
3. 玫瑰绿园中的拱门与隧道
4. 通向圆顶的小径
5. 将庭院尽收眼底的观景点
6. 在菜园中享受丰收喜悦
7. 庭院的标志建筑——花园咖啡厅
8. 视野开阔的木甲板
9. 月季竞相争艳的现代月季园

1. 秘密花园的入口

入口处，迎客的月季傲然挺立地盛开。庭院被众多的花草所包裹，目光无法窥视其中，正因如此，也让人增添了一份期待感。

1 入口处的边缘花坛中，粉色月季生机勃勃，肆意生长，“薰衣草之梦”长势旺盛，为其装点色彩。脚边零散种植着黑种草与紫罗兰，营造出郁郁葱葱之感。2 穿过拱门，便是一条生长着宿根草与当季花草的小径。漫步在铺满枕木的弯曲小路上，会有许多意想不到的发现。3 开园时间：每年 4 月上旬至 6 月中旬，10 月上旬至 11 月中旬（星期六、日、一，11:00~17:00）。

2. 小球根盛开之丘

早晨，这里被阳光所覆盖，土地中的小球根在阳光的照射之下，宝石一般闪闪发光。小球根数量之多，几乎覆满山丘，它们四处探出头来，一同庆祝春天的到来，看上去惹人怜爱。

1 将从木材商那里得到的树皮碎片，铺成松软的园路。走上去很舒适，还能防止杂草丛生。
2 春星韭和风信子相互交错构成美丽的植栽。不用挖出保存便可越冬，每年都能看到这样的美景。
3 手握小球根的齐藤。三月下旬，这一隅的少花蜡瓣花百花齐放。秋季则能在这里赏迷人的红叶。

3. 玫瑰绿园中的拱门与隧道

月季与铁线莲，攀满了长短不一的隧道与接连不断的拱门。穿梭其中，就像穿过绿色花园，宛若置身幻境。

1 月季开花前的隧道。精心牵引的枝条上生出茂盛叶片，遮蔽隧道，营造出一个让人心旷神怡的荫蔽之所。2 攀满铁线莲与月季的隧道。在月季与铁线莲开花后，让其枝条向外垂坠，形成别具一格的“齐藤流”。3 通向庭院内部，由连续拱门形成的小径。拱门与充满自然气息的杂木，营造出立体感与深邃感。4 与拱门完美结合的意大利系铁线莲“艾米丽亚 · 普拉特”，不仅花开繁盛，花期也较长，强壮且易于存活。

1 紫色、白色斑纹的“雷姆斯 · 费利巴里得”引人注目，勿忘我点缀脚边，只有春季来临，它们才在枕木小道上大放异彩。2 铁线莲“阳光边缘”装点着圆顶上的小窗。为了能在圆顶内赏花，将其牵引于此。3 沿途而上便是圆顶。圆顶被“藤蔓冰山”“紫玉”“洛尔 · 达乌”几种月季所覆满。眼前拱门上的红色铁线莲是“茱莉亚夫人”。

4. 通向圆顶的小径

枝繁叶茂的小路旁，郁金香大放异彩。“种植在较为明亮的荫蔽处，花期就会变长，别有一番风情噢。如果在阳光充足的地方种植，花期很快就会过去，反而没什么意思。”

1 坐在长椅上，眼前是三条长满月季的小路。为庭院营造出一种深邃感。2 走出咖啡厅，紧接着进入小路前行，观景点便会慢慢进入视野。无论是想要欣赏早春的郁金香还是初夏的月季，这里都能为人们提供庭院中的最佳观赏视野。3 这里盛开着众多的灰紫色月季。除此之外还能欣赏到草花与月季的竞相争艳。

5. 将庭院尽收眼底的观景点

这是庭院中唯一没有栽种植物，而是放置着桌椅的角落。坐在这里，能三百六十度环视庭院。在进行造园工作时的休息时间也能拿着茶具来这里小憩一番。

6. 在菜园中享受丰收喜悦

菜园位于庭院中心，没有任何遮蔽物，所以日照充足，是种植蔬菜和香草的理想场所。将草花与蔬菜保持平衡种植，相得益彰的构造与颜色独具设计感，魅力十足。

1 家庭菜园被砖块小路分割开来，朝八处角落呈放射状扩散。这种设计不仅能让人们走进混种的植栽之中，还便于对其进行打理。2 这一隅的莴苣与壮葱并排旺盛地生长着。较高的苍耳芹与毛地黄则被种植在后方，层次感因此而生。

7．庭院的标志建筑——花园咖啡厅

上图：进入花园深处，便能看到被花开一季的白蔷薇（*Rosa mulliganii* Boulenger）所覆盖的咖啡厅。整面墙都被花朵所覆满。

花园咖啡厅由原来的收纳屋改建而成。每年都有很多粉丝为了一睹装点窗户的白蔷薇翘首以待着，这里是最受人们喜爱的美景之一。

1 与咖啡厅并排的洗手间墙上，攀满了黄色的亚洲络石，给人留下明亮的印象。2 摆放着露台座席的凉亭上，淡粉色的“纽顿”垂下枝条，带来一种微妙的含蓄感。3 在清凉感十足的白色月季中，加上紫色铁线莲“佐玛”，增强对比度。4 长势较高的毛地黄与桃叶风铃草，为花坛增加分量感。为了让植栽不倒塌，将从农民那得到的冬天剪下的梅花枝制成了栅栏。

8. 视野开阔的木甲板

木甲板较四周更高，甲板前未种植栽，视野良好，颇具人气。甲板后是一片杉树林，为这里营造出一片绝妙的树荫。

1 放置在栏杆上的，是可爱的小鸟摆设，这是朋友用木材制作的。齐藤的庭院中装饰着许多小鸟摆设，远远看去，就像鸟儿们云集于此一样。2 这是从甲板上眺望到的景色。齐藤在能望到深处的小路两侧，种植了早期现代月季作为装饰。3 木甲板上方的拱门上结着土瓜。渐渐变红的颜色十分惹眼。

9. 月季竞相争艳的现代月季园

现代月季园主要由粉色月季构成。在这个气氛甜蜜而浪漫的地方，收集以早期现代月季为主的各式月季。

1 攀缘于拱门之上的是“洛布莉特”与“费伦贝尔格”。向着深处不断扩张的空间设计，给人以无限期待。2 由白色木栅栏建成的田园牧歌式的大门。从这里进入庭院后，便是一片广阔的月季天地。3 种植了大量藤本月季。4 现代月季攀绕在连续拱门上，形成生机勃勃的月季之景。植物如此繁盛，即便花园里的人摩肩接踵，视线也会因一心赏花而来不及交汇。

·春·
Spring
Season of the garden landscape

花园景色的四季风韵
万物复苏，春意盎然

植物从冬季萧瑟的泥土世界之中开始苏醒，树叶每日都渐染新绿，花朵也渐次开放。这个季节为人们带来的感动可谓是“奇迹”。进入三月，植物从庭院的各个角落探出头来。面对这样的景色，绝不会冒出“还是老样子呀”的感慨，反倒会让人心生悸动，感受到花园主人独有的与花朵们重逢的喜悦。

每年春季到来时，郁金香、球根类、宿根草的花朵便会在绿之屏障中慢慢浮现于眼前，一个幻想的世界就此展开。这片景色被层次感渐强的绿意包围，其中的花卉也日益夺目，让人不禁屏息。

月季叶片郁郁葱葱，覆盖于拱门与凉亭之上，一边旺盛地生长，一边静待花朵绽放，绘出一整幅绿意盎然、这个时节独有的灵动之画。随着宿根草的渐次盛开，月季与马蹄莲也不甘落后，竞相开放。一个绚丽而迷人的庭院就此展现。

沉睡的花草渐渐发芽，春天正被灵动之绿所覆盖。

春季盛开的球根花朵、树叶新芽、

柔软的叶片蔬菜开始将庭院变得蓬勃起来。

Spring Garden

春季的花园

百花争艳的季节到来！
生机蓬勃的春之庭院

三月已至，“等候已久”几乎快要脱口而出之时，草花的新芽与球根的花朵才接二连三地从土中冒出。它们朝着初春露出天真笑靥。原本单调无味的庭院，慢慢变成一场草花间的竞演……今年的园艺旺季终于到来了。

花园中的混种植物

花园中的混种植物

黑色铁筷子"非洲布莱特"

西方嚏根草

Christmas Rose

铁筷子

大约在二十年前，我从朋友那得到了100株铁筷子的小苗，将它们种在了杉树林中，这大概是我与它们最初的相遇了。

我非常喜欢早春庭院中，铁筷子与小球根一同盛开的景色。

如果想让庭院达到满开的效果，建议大面积播种易于存活、易入手的普通花园混种植物。

中意的名贵品种尽可能种在花盆之中。

黄白色小花为种满球根的山坡点缀色彩

三月下旬，少花蜡瓣花盛开明黄色小花。细细的分枝下垂，形成了颇具量感的半球状树形。不仅能搭配矮树篱笆，还易栽种，适合新手。

铁筷子

玫瑰绿园中的植物

毛茛科宿根草

花期：1~3月　株高：10~50cm

铁筷子的花形呈单瓣，微微下垂，玲珑可爱，有惹人怜爱之感，深受欢迎。色彩上选择绿色与白色等不过于艳丽的花色，更易与庭院风格融合。

寒意残留的三月下旬，玫瑰绿园从小球根开始初现生机。在这个花开零稀的时期，花园由明亮的少花蜡瓣花映照着。

Small Bulbs
小球根

小球根与铁筷子的花期默契十足。

它们总是在早春或是花开较少时盛开，带来春天造访时的喜悦。

沐浴着春光，就像身在打开惊奇宝箱时折射出的光芒中一样……

即使在一年前种下小球根，也无法保证第二年能全部开花，所以每年都必须种植充足的球根，来保证开花数量。

玫瑰绿园中的植物

1 葡萄风信子“拉丁叶”
天门冬科球根植物
花期：3~5月 株高：15~25cm

2 春星韭
石蒜科球根植物
花期：3~4月 株高：15~25cm

3 蚁播花
天门冬科球根植物
花期：3~4月 株高：10~15cm

4 喇叭水仙“密语”
石蒜科球根植物
花期：4月上旬 株高：15~25cm

5 网脉鸢尾
鸢尾科球根植物
花期：2~3月 株高：10~15cm

6 西伯利亚垂瑰花
天门冬科球根植物
花期：3~4月 株高：10~15cm

1. 梨树纯白的花，映在澄澈的蓝天上，是春天应有的模样。
2. 黄色的德国报春花开得十分繁茂。花朵沐浴在阳光下，熠熠生辉，美得让人动容。
3. 金叶日本小檗的枝条一面生长着明亮的黄色叶片，让庭院的角落一下子变得明亮起来。
4. 将生命力顽强的诸葛菜散播种下。具有野生之趣的花，虽然少了些许华丽，但簇拥而生的姿态极具观赏价值。
5. 茎脉匍匐呈地毯状分布开来的筋骨草，在庭院的各处探出头来，它是朴素风景中不可缺少的存在。
6. 三棱葱呈地毯状分布开来，逐渐增多。常被用于地被植物来遮挡根部。
7. 花园入口附近的枝垂樱已有接近十年的树龄。树形向地面方向舒展，让这片景致的春色更为烂漫。

Tulip

郁金香

草花开始发出新芽，在这个绿意渐浓的时期，无论是怎样的色彩，都会为这里增添一份魔法气息。

种植的秘诀是种下花期早、中、晚各不相同的郁金香。

花期跨度较大，接力赛一般渐次开放，值得赏味。

花形楚楚动人，气氛也随之变得浪漫，在这里能尽享郁金香的色彩斑斓。

今年的春之庭院，也因为它们所献上的可爱演出而大放异彩。

在明亮的绿色背景下，配合种植粉色调的郁金香。四处开放的粉色花朵紧紧抓住人们眼球，将视线引入庭院深处。

金花克鲁斯（花期较早）

淑女郁金香“简女士”（花期较早）

波兰蒂克（花期适中）

甜心（花期较早）

芭蕾舞者（花期较晚）

郁金香

玫瑰绿园中的植物

百合科球根植物

花期：4~5月　株高：10~70cm

除了供人们欣赏花色与不同样式以外，郁金香还能与地表覆植、宿根草、蕨类植物等搭配组合用于地表的遮盖，看不到土壤也是玫瑰绿园的一大特征。

“挺拔绽放的郁金香在茂盛的花草叶片之中，更能绽放光彩。”

※ 花期较早：4月上旬开花　花期适中：4月中旬开花
　花期较晚：4月下旬开花

弗莱明戈鹦鹉（花期较晚）

克劳蒂亚（花期适中）

春绿（花期适中）

夜皇后（花期较晚）

粉钻（花期较晚）

用色彩时髦的球根花装点绿色

齐藤说：“我非常喜欢这个球根与草本花交替开放的时期。”新鲜的叶片与竞相开放的郁金香都十分美丽。即便原本已经种有郁金香，也有可能在品种和条件的影响下，待到第二年才开花。因为考虑残留和无残留这两种情况，所以每年都要补种一些球根，来保证种植足够充分。

Spring Potager

春季的菜园

花卉与蔬菜的竞相争演

美艳的球根和柔软的叶类蔬菜是春季菜园的主角。

随着花卉接力赛般地开花，景色也正在发生改变。

菜园与我

在英国走访了很多庭院后，我发现它们都有一个共同特点：厨房花园与菜园并存。

英国的“城堡”“庄园”“宅邸花园”等都有庭院，我深切地感受到了在那里居住的人的生活与庭院的密切联系。为了能在庭院与菜园并存的地面有落脚之处，我对自家的菜园可是花费了不少工夫。

菜园中混合种植着蔬菜、香草、花草。在庭院深处目之所及的地方种植豌豆等较高的植物，营造立体空间感。

植被覆盖土地，营造具有量感的风景

右：被肆意播种的苍耳芹。花朵簇拥生长，构成了一个值得欣赏玩味的角落。

左：根茎挺拔的大花葱根部生长着母菊。柔软的草掩盖泥土，从根部开始充实易显单调的大花葱。

不受规则束缚——菜园是一块能在上面进行各种尝试的试验地。

传闻菜园的词源为“potage”，原意为“栽培加入汤中的蔬菜”。

这里有一大特征，那就是与英国的厨房花园相比，更注重视觉上的美感，所以将球根、宿根草等花草混种在一起，设计感十足。

齐藤说道：“我在开始进行园艺工作之初就同时开辟菜园，还在庭院中心为它留出了绝佳的特等席。现在这里也是我待得最久的地方哟。”对庭院中的其他植物都制订“种在哪”“种多少”这样的种植计划，但对菜园中的植栽并没有那么神经质，想种在哪里就种在哪里。不断发现新的组合，不断种下想种的植物，并乐在其中，这也是菜园的魅力。

间苗与花卉一同被收割的蔬菜与香草。只要在篮中放足够多的植物，花篮就会变得如画般美丽。

从春天到秋天都能收获的野草莓。“虽然很小，但很甜很美味。我很珍视它，还稍加装饰了一下呢。”

惹人怜爱的花瓣向菜园诉说春天的到来。

白色的海棠开满枝头，与绿色的背景融合在一起，营造出温柔的景色。

点缀于鲜活绿色中的艳丽红色香豌豆“深红”，与紫红相间的婿草等，一齐碰撞出这个色彩对比强烈的美丽一隅。

即便收获了叶片也还能继续生长的厚皮菜。活用其红黄相间的美丽茎脉，将其作为植栽中的亮点。

原种香豌豆“仙玉”，紫色的层次感十分美丽。在将它牵引至方尖塔式花架的同时插入些竹子的小枝，它便会攀爬得更顺利。

收获 Harvest

春季收获的蔬菜叶片柔软，绿得水润而明亮。春季的蔬菜带着泥土的芳香与力量装点餐桌。

菜园中盛开的郁金香
在开花接力赛中享受场景的变化

每年初春，玫瑰绿园的菜园中蔬菜还未生长之时，总是被郁金香所点缀。因为原本是根据花期的早、中、晚来搭配种植的，所以花朵也会随着品种不同而相继盛开。在短短一个月中，这里会发生急剧的变化，绝不会让人生厌。在郁金香热闹非凡的色彩盛宴结束后，蔬菜和香草便开始生长，终于要迎来收获的季节。

4月中旬（2016年摄影）

黑色的“夜皇后”与白色的“温哥华”混合种植。色调虽然克制，但明暗对比加强了冲击力。

黄色的郁金香“甜心”给人留下华丽的印象。粉色可爱的萱草生长在根株底部，覆盖土地。

4月上旬（2017年摄影）

column 专栏一 01 spring

恬静而灵动的盛宴

被绿意盎然的花园所包围 *Green curtain*

花园里到处都种植着月季与铁线莲。

花之美自然不用多说，花开前的绿叶也能让人心变得平静，使庭院更富有多样性，给人留下鲜活的印象，创造出一个绿意十足的花园。

隧道

带着对庭院深处的期待，从这片绿色之中穿过

连续拱门构成了绿色隧道。月季的枝条粗壮生长，枝条间的空隙被铁线莲覆盖，将深处的风景掩映其下。

拱门

明快的绿色新芽，让空间变得青翠欲滴

攀爬于拱门上的月季新芽与四周的树木相结合，构成绿色的画布。拱门像画框一样，衬托着向深处不断开放的郁金香。

圆顶

温柔的阳光从树木缝隙间落于此处特等席

圆顶将光照调节得恰到好处，即便未到月季花开的季节，这里也是一个让人心旷神怡的好地方。也能用作平日劳作间隙的休息场所。

拱门

让人忍不住感叹的美丽绿色，魅力十足

庭院中随处可见的拱门，对营造立体感，增强绿色的量感起着重要作用。在这个时节，能够体味被绿色所覆盖、宛若幻境的空间。

凉亭

将漂亮的藤蔓牵引至凉亭，形似画框

将月季和铁线莲牵引至阳台上的凉亭。即便月季凋零，也还有花期较长的铁线莲来点缀，能够尽情观赏。

圆顶

被绿色所环绕的绝美圆形空间

圆顶由四根导管构成，木香月季攀缘其上，呈球形布满空间，简直就是艺术品。这是一处只要置身其中，便会被绿意包裹、身心舒畅的空间。

·夏·
Summer
Season of the garden landscape
优雅绽放的铿锵月季
品味花草的争艳

树木优哉地伸展着枝条，植物们摩肩接踵地生长着。

在凉意不断扩散开来的绿色中，增添了许多色彩。

六月，月季接二连三地盛开，是赏花最美的季节。

与草花的生长一起，庭院也迎来了它的巅峰时刻。

这是一幅被浓淡相间的鲜绿与满开的月季所覆满的华丽景色。这个草花渐次盛开、一齐绽放光芒的季节，是庭院最有活力的季节。植物的色调日益加深，层次感渐强，终于迎来鼎盛期。每年都有大量参观者，怀揣对花之美景的憧憬，趁着开园时期前来拜访，信步于闲庭，渴望获得内心的平静。

访客们最关注的当属月季。应该在哪里、如何培育月季，才能让它们看上去更美呢？应当怎样将草花进行搭配组合才能取得平衡呢？在庭院中进行反复试错之后，现约有 400 种月季旺盛地绽放。

齐藤说：“我期待与每一种植物的邂逅，体味养育它们的愉悦。这就是造园的乐趣所在。”重叠交错的植物为月季打造了一个舞台，绘出了立体感十足的绝妙景色。六月中旬闭园之后，每天都会进行修剪和除草。为迎接秋季庭院的准备也要开始了。

贞德（花开一季）
Jeanne d'Arc
花只开一季的灰紫色月季。纯白花朵中的纽扣眼十分美丽，清爽甘甜的香气也魅力十足，即使在背阴处也能茁壮成长。

Early Summer Garden

夏季的花园

沐浴清爽的风，熠熠生辉的夏之庭院

郁金香的时节刚结束，月季花香四溢的夏季便到来了。从春季花卉那收下接力棒的草本花生机勃勃地盛开，植物茂盛上演，营造出阵阵凉意。

置身于郁郁葱葱的绿色之中，内心也会变得丰盈。

薰衣草之梦（四季开花）
Lavender Dream
艳粉色的"薰衣草之梦"，四季常开，结花较多，是藤蔓月季中用于装饰栅栏的绝佳选择。

纽顿（复开）
New Down
晴空之下举头仰望的"纽顿"。花瓣薄如纸片，能透过光，简直精妙绝伦。

Rose

月季

月季，自美索不达米亚文明开始便被人们所钟爱，绘画与文学中也总留有它们的身影。
对其文化背景和培育历史进行系统的学习，越学越发觉其深奥，趣味无穷。
月季品种多种多样，既能独当一面，也能甘为配角。
既能通过枝条的修剪来调整开花时间，还能通过牵引攀藤的方式，营造出让人感动的景色。
月季作为园艺的素材之一，潜藏着无限可能性。

亨利·马丁（花开一季）
Henri Martin
×
野蔷薇（花开一季）
Rosa Multiflora

结花优秀、花开一季的亨利·马丁是莫斯月季的代表品种。特点是耐寒性好，长势极佳。将白色野蔷薇与其进行搭配组合，覆盖整个凉亭，便能呈现出一个充满活力的场景。

白蔷薇（花开一季）
Rosa mulliganii
纯白的花朵呈流苏状盛开，覆满整面墙。花开一季，生长迅速。枝条呈水平状延伸，到达一定长度后下垂，与墙面、栅栏都很搭配。

玫瑰绿园中的植物

蔷薇科落叶灌木

花期：5~6月（主开花期）
　　　6~11月（次开花期）
株高：0.1~10m（视品种而定）

月季种植的位置是最重要的。必须考虑是要让它组成风景，还是要让它成为备受瞩目的主角。个性较强的月季与周边景色的协调性也必须纳入考虑。要因地制宜，在品种繁多的月季中选择最合适的进行种植，通过花朵、果实、叶片等因素，让月季在全年都散发魅力。一年仅赏一季的月季、娇弱的月季、不起眼的月季，我家庭院也都有种植。

威尔士公主（四季开花）
Princess of Wales

沙龙舞（四季开花）
Cotillion

约翰·施特劳斯（四季开花）
Johann Strauss

冲天火箭（四季开花）
Sky Rocket

珍宝（花开一季）
Treasure Trove
菲丽丝的等待（花开两次）
Phyllis Bide
忧郁少年（四季开花）
Blue Boy
亨利·马丁（花开一季）
Henri Martin
奶油（花开一季）
*玫瑰绿园出品
粉红多萝西·柏金斯（花开一季）
Pink Dorothy Perkins

黑王子（意大利系）
Black Prince
生性强健，新手也容易养活，花形较小，即便大量开放也不会让人觉得压抑。不用考虑背景就能栽种。

Clematis
铁线莲

花园中盛开的铁线莲约有 80 种。

品种繁多，魅力十足，从大朵、中小朵、重瓣、钟形等花形中进行挑选也趣味横生。

开花期也视血统而定，若按计划种植，开花的接力能横跨一整年。

对于大面积造景是必不可少的存在。

戴安娜公主（德克萨斯系）
Princess Diana
×
艾米莉亚·普拉特（意大利系）
Emilia Plater

由两种铁线莲构成的拱门。美艳的戴安娜公主与花瓣高雅的艾米莉亚·普拉特形成绝美的对比。

白色魔法（意大利系）
White Magic

火岳（全缘叶系）
Kagaku

海芋（皮奥里亚系）
Kaiu

阳光一侧（佛罗里达系）
Sunny Side

铁线莲

（四季开花）

玫瑰绿园中的植物

金凤花科宿根草

花期：4~10月（视品种而定）

株高：0.2~3cm以上（藤蔓长度）

铁线莲的魅力在于它柔软的枝条，敏捷顺畅而自由地伸展着。我家庭院种铁线莲的目的是为了衬托月季，所以大都选择了意大利系、全缘叶系等花形较月季更小、修剪更为方便的品种。

夜纱（佛罗里达系）
Night Veil

玛丽·罗斯（意大利系）
Mary Rose

米妮·贝尔（德克萨斯系）
Mienie Belle

这泽（意大利系）
Haizawa

查尔斯王子（意大利系）
Prince Charles

白万重（佛罗里达系）
Alba Plena

卢布拉（意大利系）
Rubra

Rose & Clematis

月季与铁线莲

月季与铁线莲花期相同，如果庭院某处是由这两种鲜艳的花构成，大概无论是谁都会对其心驰神往。

玫瑰绿园中也有拱门与方尖塔式花架等戏剧性装饰。

而月季与铁线莲所需要的种植环境相同，可以说是最佳拍档。

选择常年开花的品种并经常进行修剪，即便到了秋天也能尽情欣赏。

1 从咖啡厅特等席就能看见的粉色多萝西·柏金斯。眼前的凉亭上开放的铁线莲是“黑王子”。**2** 这一隅场景的草花竞相开放，郁郁葱葱。拱门上缠绕的是淡粉色月季“朱诺”和鲜艳的铁线莲“茱莉亚·科尔翁夫人”。两种颜色的对比十分引人注目。 **3** 月季与铁线莲构成的隧道如瀑布一样。粉色与紫色打造出的层次感魅力十足。

白色花形较小的月季是“安可小姐”（玫瑰绿园出品）

月季与铁线莲
如倾泻一般绽放光彩
这是通向秘密花园的入口

粉色多萝西・柏金斯（花开一季）
Pink Dorothy Perkins
×
火焰铁线莲
Triternata 'Rubro marginata'

"这泽"的种子

窗帘一样自拱门垂下的是"这泽"的种子。花与种子的模样完全不同，让人惊讶，种子的观赏价值也非常高。

连种子都让人怜爱的铁线莲

铁线莲的种子（果球），在从树叶缝隙间洒落的阳光下闪闪发光。

它们看起来像轻飘飘的绒毛、像小巧的羽毛……让人怜爱，又别具一格。品种不同，种子的形式也多种多样。

保留具有观赏价值的种子，以便在秋季玩赏。

紫藤的种子

梅花新枝做成的方尖塔式花架上攀缘着的是纤细的紫藤，是与美丽高雅的秋季契合的素材。

Green rose garden Column

生长旺盛的"茱莉亚·科尔翁夫人"容易养护，推荐新手尝试。若在开花后进行修剪，夏天与秋天也容易再次开花。

铁线莲开花后的修剪

6 月下旬第一次开花结束后，就开始为第二次开花进行修剪。大体上是修剪掉花开较多的地方。虽然花朵的数量一时有所减少，但一个月左右就能进行二次赏花。如果再进行后续修剪和施肥，可能还会有第三次开花。

1 第一次花期结束的"茱莉亚·科尔翁夫人"。若精心修剪，一年能欣赏到三次。

2 自地面向上，保留 1~3 节枝条，修剪掉多余部分。将它们放到日照充足的地方好好照料，让其长出新芽。

3 修剪掉枯枝败叶，若种植数量较多，则需要留出植距，让根部保持整洁。修剪完毕后再进行施肥。

Hydrangea

绣球

花园中种植了数量众多的绣球。

它与其他光洁的叶片一起，成为提升清凉感的素材之一。

要点是将清凉感十足的白色、淡蓝色花相结合。

最终便会形成一个区别于月季草花之隅、别有风情、充满田园气息的空间。

在树根处种大量的"安娜贝尔"营造凉意。粉色月季"粉色多萝西·柏金斯"从树枝上垂下，与其交织缠绕，给人以鲜艳美丽的印象。

杂木中分外夺目的栎叶绣球。金字塔状的造型十分引人注目。

绣球

玫瑰绿园中的植物

绣球科落叶灌木

花期：5~7月　株高：约2m

梅雨结束前，栎叶绣球与"安娜贝尔"都会一直装点着花园。这两种植物都属落叶灌木，在世界上受到广泛喜爱。我喜爱这种清爽且富有田园气息的氛围。即便到了秋天，还能欣赏其红叶，是花园中不可或缺的存在。

花园小径上种植的是刚开花的浅黄绿色的安娜贝尔，它会随着时间的推移慢慢变成白色。

Flowers to match the roses

与月季搭配种植的草花

将月季与草花混合种植时，最重要的是保留月季的活力。
在幼苗及柔弱的月季附近，不能种植较为高大的植物。
即便是月季的根部，也要留意将它打理漂亮。
推荐将花瓣较小、花色较为内敛的植物与月季搭配种植。
选择能够衬托月季的植物，画龙点睛，维护场景平衡。

齐藤说：古老月季、灌木月季与藤本月季在距离根部 70~80cm 的位置才开花，所以要在一侧种植草本花才能带来茂盛感。在花形较大且鲜艳的现代月季旁种植株高 30cm 以下的植物。一年生植物便于替换，所以种得比较多。

1 百合“次元”
百合科球根植物　株高：0.8~1m
开花期：6~7 月

2 毛地黄
车前科宿根草　株高：0.3~1.8m
开花期：6~7 月

3 落新妇（*Astilbe odontophylla*）
虎耳草科宿根草　株高：0.4~1m
开花期：6~7 月

4 黑种草
毛茛科一年草　株高：0.4~1m
开花期：4~7 月

5 高翠雀花
毛茛科宿根草　株高：0.2~1.5m
开花期：5~6 月

6 大阿朱芹
伞形科一年草　株高：0.5~2m
开花期：5~6 月

7 紫色香豌豆“仙玉”
豆科宿根草　株高：0.15~3m
开花期：4~6 月

8 桃叶风铃草
桔梗科宿根草　株高：0.9~1m
开花期：5~6 月

9 穗花婆婆纳
车前科宿根草　株高：0.3~0.4m
开花期：5~6 月

对抗月季的天敌——天牛的有效措施

月季虽然不是强壮的植物，但即便在严苛的环境下叶片也不会枯萎。不过若碰上天牛（或其幼虫），却会受到伤害。春季的月季花开结束时，天牛就开始出现，并在根株上产卵。接着变成幼虫，靠着吃食枝干和根部成长，2~3 年变为成虫。随着天牛的成长，月季也会不断枯萎，所以要尽早发现，积极采取应对措施。

观察叶片、枝干、枝条的状态，如果叶片没有光泽、没有精神并且发黄，就需要注意了。除此之外，若是枯枝和枝干上有纵痕，晃动根株会出现松动且摇摇晃晃的状况，就非常危险了。在天牛出现的季节要注意这些要点，集中注意力好好观察月季。

1 如果根茎部有碎屑出现，则是天牛出现的证据。用电钻在根部钻一个洞。

2 若电钻尖端处沾有褐色木屑，这表示根茎部分已被天牛吃食。

3 往钻好的洞里直接注入杀虫剂。玫瑰绿园选用滴液吸移管注入杀螟松。

4 最后将根茎部分清理干净，再进行一段时间观察。若木屑完全消失，就表示害虫除尽。

Summer Potager

夏季的菜园

一起迎来收获的巅峰季节

从初夏开始，菜园就一直处于生机勃勃的状态。

新鲜蔬菜与香草四处散播着恩泽。

将蔬菜也作为观赏植物种植的设计充满了童心。

“若是夏季蔬菜的时节到来，就会感受到打造菜园的好处了。”

菜园与庭院不同，这里是一个由植物混合种植而成的游乐园。

这里大多选用颜色稀有、形状有趣的植物和与众不同的品种，与装点季节的草花进行搭配，形成让人赏心悦目的设计组合。在夏季，香草与叶片蔬菜的长势最为茂盛，除此之外还能收获许多可食用的蔬菜，它们一同构成了一个赏心悦目的空间。“即便只是稍作收割，也能有一大堆收获”。从番茄、莴苣、秋葵等蔬菜，到让生活更便利的细香葱、罗勒、茴香等香草，这里都应有尽有。

不做任何的防虫措施，肥料方面也只是将附近牧场的牛粪用卡车运来，和土壤混在一起。“土壤减少的时候，就将杂草与枯叶堆积起来制成的腐叶土加入其中。”美味又让人安心的菜园，就是这样从对土壤的要求开始诞生的。

1 2

3

1

用竹子制成立柱，是产生高低差的必做事项

每年必种的迷你番茄，红黄混合种植让色彩变得鲜艳而丰富。在其前方种植了凤梨百合，给人带来视觉上的冲击。

2

用个性十足的植物增添俏皮感

蜡烛造型的秋葵，从头至根茎都呈红色，成为庭院的点睛之笔。幼年时可直接食用，待到成年后可作为花材。

3

让大葱能存活至冬季的重要作业

为了能在冬季前持续收获大葱，除了采取防止大葱倒塌的措施外，还要紧实白色柔软部分四周的土。背后种植的金光菊提亮了空间颜色。

利用高低差营造的活力一隅。在大丽花中种上紫色的鸡冠花作为点睛之笔，使此处张弛有度。

1. 尖端开着白花的韭菜。从 4 月到 10 月左右均可收获。若花再继续盛开，根株便会无法支撑，所以只要看见可食用的花芽就能收获了。2. 木制的方尖塔式花架上攀缘的是“米勒 · 罗伯特”。在后方也种植较高的葱，营造出具有高低差之美的角落。3. 波叶大黄是此处的亮点。种植在深处的起绒草和它一同带来色彩的一体感。4. 茴香的黄花纤细而让人怜爱，利用其特点造型，为空间增添一份含蓄。

Green rose garden Column

用叶片色彩突出重点的技巧

即便都是绿叶，也有各式各样的种类。若在种植时注意叶片颜色与形状的差异，便能营造出韵律感，赋予场景以变化。

桐叶园艺品种。不仅可以食用，其叶片颜色稳重深沉，还能作为庭院的亮点。

美丽明亮的叶片引人注目。因为种下后会生成地下茎，所以常被用于地表覆盖。

叶片通体呈深紫色。与甜罗勒有着相同的香气，可用于烹饪料理。

观赏价值极高的带斑纹品种。观赏期长，叶片逐渐由绿转红。

column 专栏二 02

summer

来自菜园的美味恩惠

一同来品尝新鲜的夏季蔬菜吧

Summer vegetable

五彩斑斓的蔬菜，沐浴着充足的阳光，装点着夏日。
仅仅是将从菜园中收获的蔬菜用作食材，
自己也因此不可思议地获得了能量。
那就一边感恩夏季的馈赠，
一边准备丰盛的菜肴吧。

在菜园或附近农田中生长的夏季蔬菜。“这个季节的蔬菜无论怎么吃都吃不完啊，每天都能收获很多。”

将煮好的布莱克薄荷茶倒进加冰的玻璃杯里。

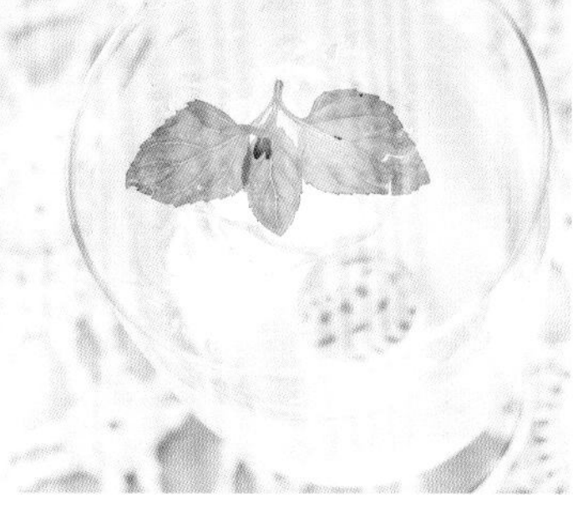

Brack mint tea

布莱克薄荷茶

布莱克薄荷带着些许甜味，与留兰香等其他薄荷相比，无论是清爽感还是香气都更为克制。用它做出的菜口感也更加温润。一抹浅绿的色调也演绎出夏季茶点时刻的清爽感。

小专栏

小心保管收获的罗勒叶

庭院中种植了许多罗勒，但一次性不能用光。所以摘取一定数量的罗勒叶，将它们放入带拉链密封口的塑料袋中冷冻保存。将枝与叶分离，洗净后去除水分，冷冻保存。但罗勒叶解冻后会发生变色，所以建议在冷冻状态下直接使用。用手捏住塑料袋，将罗勒叶压碎即可使用。

Fresh vegetable

新鲜蔬菜

从菜园中摘取的蔬菜，主要用于制作直接食用的沙拉。叶片蔬菜和小番茄自不用说，这个尺寸的秋葵非常柔软，也可直接食用。

夏季蔬菜咖喱

夏季蔬菜咖喱色彩丰富，极具夏日气息，时常会出现在我家餐桌上。如果使用这个时候采摘下的蔬菜，能有无数种装饰的方式。茄子、秋葵等还富含丰富的胡萝卜素、维生素 C 和 E，对缓解疲劳也十分有效。还能用于防止夏季体弱。

1

2

3

1 为了方便食用，将蔬菜尽可能切成大块，加入橄榄油进行翻炒。

2 将提前准备好的、放有洋葱和肉的咖喱，浇在盛有杂粮的盘子里。因为杂粮营养价值较高，所以平时也常吃。

3 将炒好的夏季蔬菜用作装饰，既赏心悦目又营养均衡，勾起人的食欲。

罗勒叶35g，橄榄油100ml，松子50g（只放一半，余下的最后再放），适量的帕尔马干酪。一大瓣蒜（切成碎末，用橄榄油进行翻炒），将以上食材放入食品搅拌器混合。

Genovese

青酱

使用了罗勒叶的青酱沙司。我经常会在香味丰富的意大利面中加入这种色泽美丽的绿沙司。在这个时期能收获很多罗勒叶，若制作过多，还能放入瓶中进行保存。不光是意大利面，还能将它用于面包、比萨，轻松就能品尝美味。

如果不直接使用，要放进密闭容器中保存。尽量不要让表面接触空气，灌入橄榄油后，能在冰箱中保存三个月。

Break time 休闲时光

在花园露台上小憩

在开园期间，前来拜访的客人都会在花园露台上小憩。在招待客人的蛋糕套餐中，一定会放上一朵从花园中摘来的花。“如果在蛋糕盘里装饰花朵，大家一定会非常开心。”在露台上伸手便能感到花园近在指尖，无论在哪个季节都是特等席。

人多时也能和不相识的人拼桌。因为共同话题都是月季与花园，所以自然而然就能相谈甚欢。

·秋·
Autumn
Season of the garden landscape

秋风送爽，里山层林尽染，
沙沙作响

草木色彩更迭，感受到宜人清风之时，秋季的开园期就开始了。

虽然花朵数量不多，但仍有大受欢迎的大丽花、

秋季月季、红叶、蔷薇果……在此欣赏到的是秋季特有的美景。

野菊花、肾茶、秋牡丹、长管香茶菜等野花，恬静地装点着秋色，这春天所没有的沉静气氛动人心弦。色调搭配有致的花朵微微低头，受昼夜温差影响，花叶渐深，为庭院增添一份深沉。色彩艳丽、存在感极强的大丽花，在秋季的庭院中也有超高的人气。齐藤说：“因为庭院中几乎没有红色月季，所以尽量选择红色、橙色的大丽花进行种植。和红叶、月季等相搭配，能欣赏到彩色线条般的景致噢。”充满一体感的场景让人着迷。

秋季月季花开悠闲，花朵数量增长缓慢，其特征是香气浓郁，花色艳丽。想要流连于月季之间、细细品味的客人，在秋季的开园期间前去拜访，不失为一个好的选择。

到了落叶的季节，庭院中则四处结满了蔷薇果，这是秋天最后令人赏心悦目的色彩。在我们对今年表示感谢、寄托对庭院来年的遥想，并为时光飞逝扼腕叹息之时——秋意更浓，冬天的脚步徐徐逼近。

Autumn Garden

秋季的花园

让人心神荡漾的小野花，充满自然之美的秋之庭院

初秋，小野花挨个探出头来，混杂于仍在渐次开放的夏花之中。

此时的庭院，枝条低垂、折落，独具山野气息的自然之美充盈其中。

这是感受里山韵味的最好季节。

覆盖地面的蕨类和玉簪花叶片中，夹杂着绣球的红叶，成为点睛之笔，带来张弛有度的效果。

长管香茶菜细长的花穗随风摆动，颇有一番风味。其分枝较多，颇具量感，为园中小径增添一份生机与活力。

Autumn Scene

秋景：遥望深秋之色

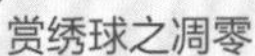

在明媚的秋季阳光的照耀下，景色也随之闪闪发光。黄色、红色以及深棕色的红叶与果实，为庭院带来让人屏息的深沉。

这个季节最有魅力的地方，是其他季节所没有的成熟模样。

Green rose garden Column

赏绣球之凋零

在梅雨期至夏季尽情开放的绣球，此刻一改原貌，变成了与秋之庭院相宜的模样。逐渐凋零的过程也让人怜爱，这也是当时选择种植绣球的原因之一。

9月中旬，绣球逐渐枯萎了。只有在其枯枝败叶前驻足，才能体味深秋的消亡之美。

上：红叶之态也是观赏点之一。沾染些许粉色的层次感十分美丽。

右：圆锥绣球笔直的姿态也感染了四周的草花，营造出一种恬静的氛围。鲜红的彩叶草与其形成强烈对比，夺人眼球。

Dahlia

大丽花

少花之秋，唯存在感极强的大丽花竞相争艳，美得让人屏息，令人感动。

大丽花无论是花色还是花形都数量丰富，品种从大瓣到极小瓣一应俱全，有卷瓣开放的，也有绒球状开放的，可任意挑选。这也是其魅力之一。

花期能从初夏一直持续到秋季，是非常靠得住的好伙伴噢。

门（5~8cm）

大波斯菊（5~8cm）

主教子女（5~8cm）

纯（5~8cm）

大丽花

玫瑰绿园中的植物

菊科球根植物

花期：6~10月　株高：0.2~2m

大瓣种的大丽花，若遇强风暴雨，则易折断，这是个十分棘手的问题。所以在花园中种植时，尽量选择中小型的大丽花。为了让植物更贴近自然，可在四周搭配种植草、苋属、鼠尾草等大型植物。在不同角落种植不同花色的植物，营造出氛围不同的场景。

费加罗（5~8cm）

克林顿（5~8cm）

糖果宝塔（10~12cm）

雪球（10~12cm）

棉花巧克力（5~8cm）

卡托皮（20~25cm）

费达尔戈·布拉奇（5~8cm）

汉密尔顿二世（17~20cm）

星辰小姐（8~10cm）

剪影（15~20cm）

魅影（5~8cm）

黑蝶（10~15cm）

秋季庭院的主角：颇具存在感、人气十足的大丽花

这处花坛由个性十足的美人蕉与同色系的“汉密尔顿二世”构成。在植物根部种植山桃草，营造丰盈感。

集中种植的白色大丽花，给人留下纯净清爽的印象。“雪球”毛茸茸的模样，也为这块空间带来了存在感。

种植着大丽花的菜园一隅。在地势平坦的菜园中，活用草的高度，制造高低差。

Green rose garden Column

大丽花的修剪

为了能在秋季欣赏大丽花，夏季的修剪就显得尤为重要，在夏季猛长到与草同高的大丽花，叶与茎都容易折断并因此受伤。在 8 月中旬进行一次大规模的修枝，便能在 10 月进行二次赏花。除此之外，还有防止大丽花损伤、促进发芽的效果。

1

3

2

1. 在距离地面 60~70cm 的地方，剪掉伸出格子状支柱外的茎。
2. 将铝箔的前端卷成细条状。
3. 将长条形铝箔放入空心的茎中，做成盖子，既能保存雨水，又能防止根茎腐烂。

玫瑰绿园中的植物

1 鸡冠花“红宝石帕皮耶”
苋科一年草
花期：5~11月　株高：0.15~1.5m

2 绣线菊
蔷薇科落叶灌木
花期：5~10月　株高：0.5~1m

3 醉蝶花“蜂鸟”
白花菜科一年草
花期：7~10月　株高：0.6~1.2m

4 秋牡丹
毛茛科宿根草
花期：8~11月　株高：0.3~1.5m

5 肾茶
唇形科宿根草
花期：6~11月　株高：40~60cm

6 阔叶山麦冬
天门冬科宿根草
花期：8~10月　株高：20~40cm

Pink Flowers

装点秋色的粉色花卉

粉色的花朵让庭院的气氛变得浪漫起来。

野花唱主角的秋之庭院，模样朴素，在这里，人们能与里山风情的美景不期而遇。选择花期较长的植物，在晚秋也能赏味。对绣线菊进行修剪，能供人欣赏三次。

*绣线菊随修剪反复开花，花期为5~10月

1

4

5

2

3

6

Green rose garden Column

全缘铁线莲“火岳”。随着春意渐浓，它不断延伸的藤蔓上，娇小的花朵也渐次开放。对其修剪时，保留地面上的两三节枝干，过四十天左右便能再开。

贝蒂康宁

花开三度的铁线莲

若对铁线莲进行修剪则会再度开花，所以积极地入手了。但由于受环境与养育方法的不同影响，若要让其反复开花，还是需要多种植。与月季不同，铁线莲的开花时间难以控制，正因如此，若能观赏到第三次开花，心中定会升起怜爱之情。

十四行诗

舒尔曼

Autumn Rose

秋季月季

11 月下旬，摘下秋季最后的月季。

装点秋色的月季，数量稀少，看上去楚楚动人，若将其扎成花束，花篮便会立刻产生盛满的华丽感。

在未被过度保护的庭院中，顽强生长的月季为今年画上了圆满的句号。

在完成夏季的修剪后，秋季月季的枝条不断延伸、不断变高。“春季月季依据气候盛开，秋季月季则是依据修剪的节点绽放噢。”

秋季月季

为配合10月开园，在夏季就要对秋季月季进行修剪，其开花时间是可控的。由于园中多种植古老月季与一季开花月季，所以即便秋季月季花开数量有限，也能欣赏到色彩强烈、香气怡人的月季。

郁金香、水仙、风信子等球根，每年会入手1000个。除了购买的新球根以外，也会将在6月花期结束时挖出的球根一同种下。

Bulbs

秋季种植的球根

不会将所有的郁金香球根都挖出来。先计算原先种植的球根种类与数量，再进行新一轮种植。因为种植的品种与地点不同，出芽量也不同，所以要提前做好预估掌握情况。在背阴处种植的郁金香花期更长。

1. 在露台的侧面，原本就种植着毛地黄“帕姆斯·乔伊斯”、桃叶风铃草等宿根草。再种上耧斗菜“红色预告”以及郁金香球根。将15颗“芭蕾舞者”与10颗“里约狂欢节”两种郁金香混合种植。

2. 挖球根大小三倍的洞，将其种下。与紧随其后被种植于花坛前的三色堇一起营造出竞相争艳的场景。

Rose hips decorate the autumn

装饰秋季的蔷薇果

蔷薇属植物不仅花开繁茂，还能结果，其种类也是多种多样。

散落在庭院四处的红色果实，让秋色更深。

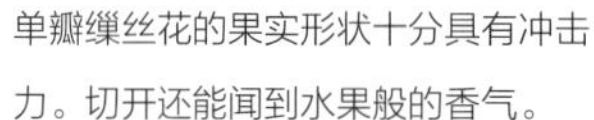

单瓣缫丝花的果实形状十分具有冲击力。切开还能闻到水果般的香气。

覆盖整面墙的是原种蔷薇“罗莎·穆里加尼”的红色果实。它们像散落的串珠一样，遍布四处，十分可爱。

收集秋天赐予的果实

装点秋季的不只是蔷薇果，还能在这里看到各种各样的果实。在垂下的果实中穿行漫步，真是温暖的瞬间。时不时还会冒出“居然有这种果实”的感叹。随着深秋的到来，果实的颜色也会日益变浓。

王瓜

菝葜

垂丝卫矛

垂序商陆

花园路径上的蔷薇果像快溢出似的遍布开来，成为绿意残留的庭院的亮点。

Rose hips

一面遥寄对花朵盛开时的思念，一面摆放摘下的果实

与多种多样的蔷薇属花一样，其果实的颜色与形状也各有千秋。只是单纯将可爱的蔷薇果挨个摆放，就能变成一幅如画般的美景。古老月季、野蔷薇、攀缘月季等一季开花的易结果，而能再开的品种中，芭蕾舞者、钱普尼的粉色群落、路易斯·欧迪、冲天火箭等，不仅观赏价值高，也易结果实。

1. 野蔷薇
2. 月季“奇夫茨门”（Kifts gate）
3. 月季“路易斯·欧迪”（Louise Odier）
4. 筑紫蔷薇
5. 突厥蔷薇
6. 单瓣白木香
7. 法国蔷薇“康普里克特”（Compli cata）
8. 月季“钱普尼的粉色群落”（Champney's Pink Cluster）
9. 白蔷薇（*Rosa mulliganii*）
10. 月季“冲天火箭”
11. 月季“约克城”
12. 光叶蔷薇
13. 白蔷薇
14. 月季“宝藏”（Treasure Trove）
15. 粉绿叶蔷薇
16. 单瓣缫丝花
17. 苹果蔷薇
18. 法国野蔷薇
19. 高岭蔷薇（*Rosa nipponensis*）
20. 金樱子
21. 异味蔷薇
22. 月季“芭蕾舞者”
23. 月季“亨利·马丁”

Rose hip wreath

蔷薇果花环

如果摘取了足量的蔷薇果，那每年都能开花环教室。若在果实没有完全成熟时将其摘下，那蔷薇果就很容易萎蔫，所以把握好收获时机是非常重要的。

大量使用从庭院摘取的素材制成的花环，除了挂起来以外，还能用作桌面花环，在其中间放上蜡烛，也会让人心情愉快。

蔷薇果花环成熟透红的果实讨人喜爱。提前预估好会被野鸟吃掉的分量，每年都会收获颇丰。

制作方法

在圆形吸水海绵中插上扁柏树叶、冷杉以及铁筷子叶等形状较大的叶片。接着一面保持平衡，一面插入蔷薇果与沙枣叶。调整素材的搭配，直到吸水海绵完全被遮挡。

材料

1. 扁柏树叶
2. 冷杉
3. 铁筷子叶
4. 蔷薇果（按喜好选择。本次主要使用白蔷薇的果实）
5. 沙枣叶

瀑布般垂下的野蔷薇果实。野蔷薇易结果，果实数量与开花数量相当，是个能够体味果实乐趣的品种。

使用频率极高的新鲜窗饰

在厨房的墙上挂着香料制成的新鲜窗饰。将即使干燥也能使用的大蒜、月桂、辣椒，用麻绳捆成一束。齐藤说：“在做料理时如果有需要便可尽情使用，伸手就能拿到，很不错噢。”将庭院的收获之物用于日常生活，让人佩服。

为野鸟制作的花环

送给野鸟的花环礼物由带壳的花生、未成熟的苹果以及福橘制作而成。

将从菜园中收获的海棠果挂在最上面，作为亮点。

花生是野鸟最喜欢的食物。

白颊山雀十分擅长啄开外壳食用内部。

上图：在攀缘着只在冬季朝地面开放的卷须铁线莲（*Clematis cirrhosa*）的树上，挂上惹人喜爱的花环。

左图：小巧玲珑的效果引人注目，白颊山雀与白头翁常来玩耍。

自制柚子酱

毛吕山町自古以来便以生产柚子而广为人知。

齐藤家的庭院中有五棵柚子树，每年都能收获很多果实。在每年12月份，用大锅制作果酱已经成为惯例。他们会将果酱送给关照过自己的人。

右图：生长在日照充足地方的柚子树。11~12月之间大约能收获70kg柚子。

上图：用白砂糖和水制作果酱，最重要的是掌握火候。果酱黏稠，呈鲜艳的橘色，单是将其装满瓶内，就能感受到不言而喻的幸福。

Autumn Potager

秋季的菜园

品味多果之秋

以自由而不加约束的选择，
来创造一个靓丽的秋季菜园。
用大量小巧玲珑的果实与个性十足的花形，
营造这个季节独有的童真演出。
体味各式丰富的场景。

菜园中的植物像接力赛一样，从夏至秋一直不断更迭。未被采摘残留的花材与秋季蔬菜混合生长在一起，创造出一个色彩艳丽的场景。

玩味形与色，将心仪的品种收入囊中

这个时期的菜园，既有充满田园气息、个性十足的果实，还有点缀餐桌的叶片蔬菜，多样性与丰盛性是其一大特色。

红色秋葵与厚皮菜等装点秋色的植物在庭院中光彩夺目，在收获后还能继续进行栽培，像种植鲜切花一样颇具趣味。除此之外，与庭院氛围十分搭配的漂亮的铜叶叶片蔬菜，也是齐藤的心爱之物。

尤其是惹人喜爱的铜叶芥菜必不可少，每年都会购入。

将收获的南瓜当作庭院插花素材随意摆放，为工具、杂货配上毒瓜，充满季节感的组合魅力十足。这里的设计遵循着感性，融入着自由。

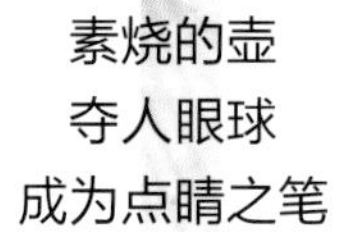

素烧的壶 夺人眼球 成为点睛之笔

这一隅遍布着清爽整洁的白色荞麦花。将这个由朴素植栽构成、让人易觉松散的空间，用存在感较强的陶壶来使之紧凑起来。

选择即便在秋季枯萎
也仍美丽依旧的花草

在后方种植能活用其株高的起绒草，欣赏它从花蕾到花开的全过程。枯萎后的风貌也值得品味。

丈夫用胡枝子的枝条制作的供草莓生长的箱子。用胡枝子制作的拱门与方尖塔式花架使用起来也十分便利。

用手作装饰 提升田园风趣

为初夏至晚秋的花坛
带来一丝清爽感的鼠尾草

矮种鼠尾草“朱唇”常被用于覆盖地表。即便在草莓还未结果的季节，也能欣赏到动人的小花。

前面种植的是矮聚合草。春季花开之后也会留下大量叶片可供观赏。

带来规则性、富有韵律感的植物

心仪的组合：大葱 × 芥菜

将较高的大葱与柔软的芥菜交互种植。这是每年都会出现的黄金组合。选择铜叶的芥菜，让色彩变得更丰富。

饱尝收获之趣后，将食材用作插花素材

像装饰品一般的果实缠绕着花架

毒瓜的果实慢慢变红用作秋季的万圣节装饰再适合不过。虽然不能食用，但其小巧的形状与漂亮的长条形外观都十分具有观赏价值。

上图：草木茂盛、充满活力的一隅。到九月都能享受到收获红秋葵的乐趣，之后便将其作为观赏物。前端硕大的果实像蜡烛一样。

右图：秋葵脚边覆盖的是与其同色系的旱金莲。在略显冷清的根部空间进行一场华丽的演出。

蔬菜与宿根草交织而成的多彩之景

用较高的素材，营造空间立体感

直立的黑色花穗是个性十足的苔草和紫御谷，它们耐热耐干，让夏秋的花坛变得时髦漂亮。

上图：针茅的细枝叶从容器中垂下，让空间充满动感。在容器边种植斑纹艾蒿，营造恬静氛围。
下图：细香葱与莴苣相结合，看上去郁郁葱葱。一直到第二年春天都能品尝到新鲜的莴苣叶。

丈夫在竹制的支柱上先牵引了荚豌豆，接着种植了番茄和金鱼花。因为不喜欢在同一地方连续种植，所以每年都更换种植场所。

利用较高的建造物，为菜园增添活力

用藤蔓系的金鱼花打造动人心弦的拱门

前端开出穗状红花，从 8 月一直能欣赏到 11 月。在根部空间种植较高的神香草，上演华丽演出。

种植在路边的是茂密的细香葱。因为右侧的罗勒生长得更为迅速，所以要牢记应先留出株距，再进行种植。

选择不过分显眼的花，将香草与蔬菜结合种植

用象征秋天的大丽花“大波斯菊”与朴素的青葙，赋予秋季微妙的色差感。花色为收获的庭院增添一份深沉之情。

野趣十足的花，让田间极具自然之美

将海棠作为菜园的标志树。可爱的红色果实是收获之园的亮点，秋季因此而光彩闪耀。

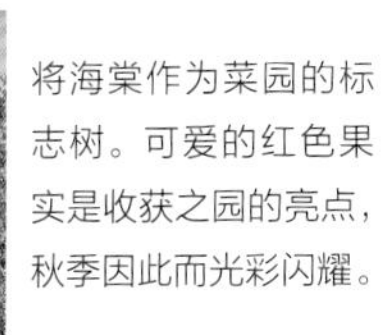

将唯美的果树作为标志，享果实之趣

利用大型植物抓人眼球

美人蕉“孟加拉虎”以其宽大的叶片与鲜艳的橙色花朵，营造冲击感。带花纹的叶片观赏价值较高，总是能紧抓人们眼球。

秋种菜苗的种植

菜园位于庭院的背风处。寒冬时节虽有霜降下，但用不着遮挡。如果一直种植在土地里，能持续收获到第二年春天。齐藤说：“即使冬季也能立刻收获蔬菜叶，既能来在面包里，也能做成沙拉，所以非常珍贵哟。”

种植数量较少的蔬菜，购入幼苗加以培育即可，但留有间距并得到妥善管理的几乎都是从种子开始培育的。

齐藤的土壤堆肥

牛粪

化学肥料

庭院与菜园的土壤堆肥是同时进行的。在经过自然洗礼之后，将牛粪与化学肥料混合起来，对土壤进行改良。接着土壤就会变得像被褥一样松软。如果土质优异，蔬菜长势也会随之变好，不到一个月就能收获。

种植购入的菜苗

最迟在十月上旬就要种植购入的甘蓝和紫甘蓝。选择光照好的地方，留有40cm左右的株距进行种植。甘蓝形状独特，具有很强的存在感，而紫甘蓝则因其亮丽的叶片颜色而魅力十足。冬季菜园因它们而精彩。

甘蓝与紫甘蓝耐寒性强。从11月下旬到第二年3月都能收获，是冬季菜园的好选择。

齐藤的秘诀

选择绝佳的种植时期

在进行种植时，可能会将好不容易变得松软的土壤踩牢固。为了避免这种事情发生，在土壤上放置可供脚踏的木板，将脚踏的空间减小到最低限度，十分方便。齐藤说：“如果没有木板，种植工作就不能进行下去，所以它非常重要。”

1

2

3

1 决定种植场所。考虑甘蓝株高较高和高低差等因素，所以将其种植在菜园后方。

2 将根部从花盆取出，稍加整理后再种植。但若整理过度可能会伤害根部，需多加注意。

3 在甘蓝的株间种下厚皮菜幼苗。考虑最终要拔下吃掉，所以就不过于在意种植场所了。

由种子育苗的种植

在 9 月下旬播种芥菜与茼苣的种子，四五天后就能发芽。如果种植在土地上，不到一个月就能收获。将剩下的留有间距的食用叶片蔬菜精心养育成型，长大后还能变成具有观赏价值的植栽。

图为厚皮菜、茼苣与铜叶芥菜苗。即使播种方式相同，根部的生长方式也会因品种而异。茼苣易生根，即使种在土地里，根部也会立即适应，易养活。

播种后 4~5 日便会发芽。虽然看上去还是幼苗，但只要一开始正式生长，就要将其从育苗盆移植到土地里去。

1 在并排种植的洋葱之间种下铜叶芥菜。直接种植下去就很漂亮，所以放置长棒，沿线种植即可。

2 在长棒的左右两侧种下苗。虽会生长得十分茂盛，但因为会陆续被食用，所以留 10cm 株距即可。将洋葱分根种植，第二年开园时，便会生长成完整的一株。

3 洋葱与铜叶芥菜的搭配是天作之合。轮廓分明的洋葱与柔软的芥菜非常讨人喜爱。以前将洋葱和小松菜种植在一起，给人印象过于沉重，之后就一直保持现在的搭配，让人心境平静。

细叶芹

铜叶芥菜

紫罗勒

红秋葵

收获 Harvest

秋季收获的蔬菜色彩斑斓。个性十足的蔬菜一应俱全。在将庭院进行个性化后，还能被用于料理的点缀。

斑叶辣椒

茴香

园艺必备

玫瑰绿园的工具

为了管理广阔的庭院，需要各种各样的花园用工具。由齐藤来介绍其中使用最为频繁的工具。

① 铁锹 / 爱用前端较细的部位 ② 钉齿耙 / 在收集枯叶和清理垃圾时使用起来十分便利 ③ 竹扫帚 / 用于清扫小路 ④ 钉耙 / 进行移栽等工作时清除多余的土 ⑤ 挖野菜用刀 / 收获、种植球根、草花时能使用的万能工具 ⑥ 除杂草用刀 / 拔除生长在砖块以及路面石块缝隙中的杂草 ⑦ 壶刷 / 用于清理花盆和道具上的土 ⑧ 镰刀 / 在进行地膜覆盖时使用的农用镰刀。手柄为红色，即使遗失也容易寻找 ⑨ 刀尖粗大的园艺剪刀 / 用于修剪粗枝大叶 ⑩ 刀尖细长的园艺剪刀 / 用于修剪纤细的枝条和茎 ⑪ 麻绳 / 除了牵引月季以外，还能用作菜园支柱和方尖塔式花架的牵藤

齐藤的花园时尚

Gardening fashion

虽说穿着容易运动、舒适的衣服劳作是最基本的，但不时依靠服装提升士气也很重要。开园期间会接触到很多客人，所以要穿得干练地工作。

1 夏季，遮阳鸭舌帽是必不可少的。在进行种植时，还会戴上防止弄脏衣物的袖套。2 爱穿的“猎人”牌长靴。长度较短，方便灵活，便于耕种。3 进行园艺工作时，草帽也是不可或缺之物。“因为长时间待在园里，为了预防中暑，帽子则是必不可少的。”根据工作内容与季节，选择使用遮阳鸭舌帽或是草帽。4 选择便于行动、口袋较多的短围裙。除此之外，庭院中蚊虫较多，所以盛夏时长袖衬衣也是必不可少之物。

雨天轮到雨衣出场

开园期间，也会不凑巧地遇到雨天，所以准备了雨衣。雨衣是“Mont-bell”的，即便不带雨伞也能带领大家去参观。

齐藤爱用的创意商品 Idea Goods

齐藤常思考，如何才能提高庭院的工作效率，如何才能变得更方便呢。放眼望去，庭院的各处都有着齐藤的创意。

进行枝条整理的辅助棒

将塑料棒前端装上弯曲成U形的粗铁针，这是故村田晴夫老师为自己做的辅助棒。将辅助棒用于手够不到的藤蔓月季的牵藤与修剪。

挂在这里

利用支柱收纳育苗花盆

因为每年要播种两次，所以不要扔掉育苗花盆，应重复利用。依据尺寸来进行分类，将其穿过插在土壤中的支柱来进行收纳。

将铁棒两头弯成U形，用于放置麻绳

将体积较大的麻绳，重叠收纳在上下均成U形弯曲的铁棒上。上端能挂在扶手上，使用起来灵活自由。

·冬· Winter

Season of the garden landscape

自冬向春，季节更迭的交界处，
应提前做好的庭院工作

Green Rose Garden

自秩父的山脉吹来的风，刀一般冰冷地从脸上刮过。寒冬将至。

庭院中草木凋零，霜降大地，雪白一片。

需要尽快为来年的造园提前做准备。

冬季的庭院工作，从对约 1000 个球根的种植开始，还要连续三个月不间断地对月季进行修剪和牵藤、施肥、种植幼苗等，工作量巨大。一日时光转瞬即逝。但对方是时不待我的大自然，工作时间无法延后。

“养育植物，最重要的是不能错过时机。这句话无论在哪个季节都非常适用。就和养育孩子一样。如果被问到‘喂喂，这是什么？’如果不立刻记起马上回答的话，就再也无法重来。想要种植幼苗、球根、月季的时候，想要修剪掉枝条的时候，若不及时用新的代替，则不会开出迷人的繁花。”

到底在什么时候，进行怎样的工作，才能让庭院变得更美呢？为了让庭院变得更美，最重要的是对自己的庭院了如指掌。若在冬季好好准备，则能在春季尽享欢喜。

Winter Garden

冬季的花园

遥寄对春园之思，耽于冬季之劳作

冬季，草木停止生长，万物归于沉寂。庭院中的植物们，一面忍受严寒，一面暗中等待着春季花开之时的到来。

这个时期，庭院的工作堆积如山，让人没有一刻喘息的机会。

冬季，是制订全年计划的重要季节。

Rose Pruning & attractant

月季的修剪与牵藤

在凛冽的寒冬，月季也处于休眠期。

每年的1~3月间，每天都要埋首于月季的修剪与牵藤。将月季的藤蔓摘下，剪去枯枝。让活泼的新芽将来年的庭院变得焕然一新——光是想象着开花的场景就能忘却寒冷，沉迷于劳作，真是不可思议。

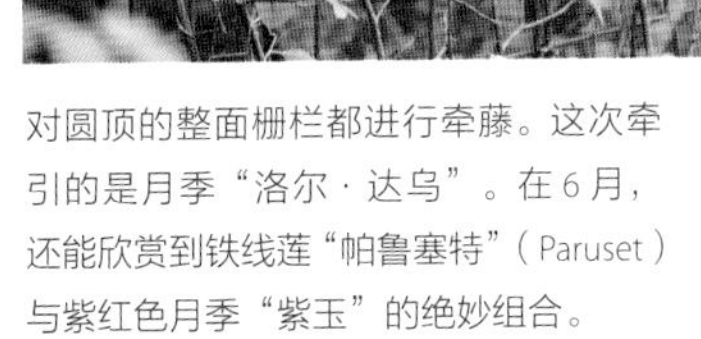

对圆顶的整面栅栏都进行牵藤。这次牵引的是月季“洛尔·达乌”。在6月，还能欣赏到铁线莲“帕鲁塞特”（Paruset）与紫红色月季“紫玉”的绝妙组合。

1 除去以前牵藤后遗留的老枝。将四种月季牵引至圆顶。种植多种月季的目的，是为了在其中一株受虫害的情况下，还能用其他月季来填补空缺，将场景的缺损降到最低限度。2 右边的绿色枝条是今年新生长出来的。留下新枝，除掉褐色的旧枝和枯枝叶。3 选择好保留枝后，从分枝处有三处分枝的地方进行修剪。4 自此，带花的细枝被保留下来，如画一般。关键是将藤蔓稍加弯曲再进行牵藤。5 计算好生长在前方较高的高翠雀花的高度，将其牵引至栅栏上方。

Lesson Green rose garden

进行月季牵藤时应牢记的打结方法

在花园咖啡厅会定期开设月季课堂。最开始教授的是牵藤时使用的麻绳打结方法。只要劳记此法就会带来极大方便，园艺工作也会因此变得顺畅。

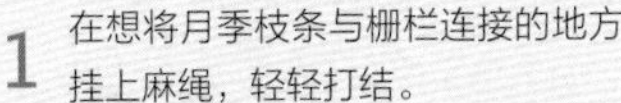

1 在想将月季枝条与栅栏连接的地方挂上麻绳，轻轻打结。

2 在打结的麻绳一端绕一个圆环。

3 将麻绳的另一端穿过圆环，用指尖捻住向外拉。

4 一边拉住穿过圆环的麻绳，一边单手拉扯麻绳另一边。

5 打好结实的结后，剪掉多余的麻绳。

完成！

右侧为牵藤作业中介绍过的整面栅栏。白色、粉色的月季与白色的铁线莲相辅相成，营造出郁郁葱葱的景致。拱门上方攀缘着的白花是“藤蔓冰山”。

在寒冬之中，
为拱门的牵藤
注入心血，
时至六月，
月季与铁线莲如期而至，
瀑布般倾泻绽放

P85 介绍的圆顶的修剪和牵藤，在春季就会变得如此美丽！

隧道

玫瑰绿园被藤蔓攀缘后的样子

壁面

圆顶

利用投射而成的牵藤，枝条纵横交错，空间得到充分利用，最终的场景艺术感十足。一个冬天的牵藤作业需要使用 4 团 500 米的麻绳。

Remake the Arch

拱门的修缮

每年都会将铁线莲牵引至胡枝子制成的拱门上。

并且每年都要对其进行重新修理。

天然原材料与自然风格的造景完美契合。

胡枝子枝条切下之后若放任不管会变得杂乱无章，所以将其捆绑成束浇上水，放置一晚，枝条就会变得笔直，易于打理。

1 在摘掉铁线莲的枯枝败叶，除去旧胡枝子枝条后，将弯曲的铁棒用作拱门的轴心。在左右两侧各添上7条左右的胡枝子枝。2 从下方开始用麻绳捆绑数处，将其固定牢固。打结方式与介绍月季牵藤时的打结方式（P85）相同。3 为了在拱门立脚处营造胡枝子枝条的量感，将枝条分成左右两份。分别从左右两侧添加枝条，枝条便能毫无遗漏地覆盖于拱门之上了。4 将左右两侧的枝条稍加整理，用麻绳将其与中心的铁棒固定。5 将种植在胡枝子脚边的铁线莲“小白鸽”（另一侧是“雪小町”）的枝条也用麻绳束好，牵引于拱门上。

6月，铁线莲满开时，景致变得郁郁葱葱。

用野外记录来进行总结

开园期最热闹的春、秋两季，都会进行三次总结会。去看、去感受庭院最美好的时刻，找出需要进行改进的地方，并记在笔记本上，与此同时制订好第二年的种植计划。虽然也会通过拍照、电脑来进行庭院记录，但大部分时候还是用丈夫在工作时使用的名为“野帐”的笔记本来记录。尺寸刚好适合手掌，除了记录月季的开花期与修剪期以外，还会记录下球根的品种名、种植的个数以及草花的修理时间。“只需要看看笔记就会对庭院当年的模样一目了然。因为是按照庭院分区来进行记录的，所以在保持植物平衡、颜色搭配或想要改变设计时，都可以用作参考。”记录庭院时收集的数据、新发现等未刊载于本书。这些都是千金不换的珍宝。

Green rose garden Lesson

内藤里永子老师的讲谈会

塔莎·杜朵的绘本译者

自咖啡厅开放后不久，每年春天都会举办诗人兼塔莎·杜朵的绘本译者内藤里永子老师的讲谈会。讲谈会的内容包括花园主塔莎的努力、喜悦、发现，以及通过其种种行为而感受到的她的人格魅力。每年内藤老师都会用美妙的词句，从不同的点切入来讲述塔莎，每次谈话结束后，都会让人觉得离塔莎更近了一些，心里满是比以往更透彻和深刻的理解。我最喜欢内藤老师说的那句“春去春来本是奇迹”。印象最深的是，内藤老师在讲话结束后参观庭院时，曾情绪高昂地说过“这里的月季格外特别，让我沉醉其中”，我非常开心，如今回忆起来也仍记忆犹新。

Winter Potager

冬季的菜园

做好越冬准备

冬季的玫瑰绿园，落叶归根，发生了翻天覆地的变化。

可收获的蔬菜与香草变少，色彩也逐渐黯淡，但菜园中的工作却仍堆积如山。

接下来就为大家介绍劳作的一部分。

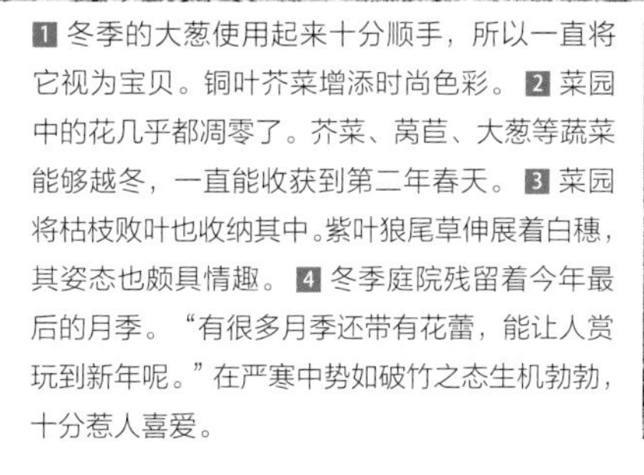

1 冬季的大葱使用起来十分顺手，所以一直将它视为宝贝。铜叶芥菜增添时尚色彩。2 菜园中的花几乎都凋零了。芥菜、莴苣、大葱等蔬菜能够越冬，一直能收获到第二年春天。3 菜园将枯枝败叶也收纳其中。紫叶狼尾草伸展着白穗，其姿态也颇具情趣。4 冬季庭院残留着今年最后的月季。“有很多月季还带有花蕾，能让人赏玩到新年呢。”在严寒中势如破竹之态生机勃勃，十分惹人喜爱。

准备春季种植的球根，总是让人兴奋。“每年要种植 1000 个以上的球根。为了造出理想的景色，要尽量小心注意，不要让球根混在一起。”将挖上来保存的球根与新球根一起种植。

备战下一个季节，提前结束的越冬准备

里山的花园终于迎来冬季。12 月的某个晴天，齐藤埋首于越冬准备工作之中。她说：“虽然冬季也能收获蔬菜叶，除此之外的工作都是翻土耕地，为春天做准备。”菜园地寒冬已至，为了春季所做的准备也愈发忙碌。秋种球根的移植，庭院装饰清单的重新制作，用收获的柚子制作果酱等，每日的工作堆积如山。丝毫没有休息的空闲。

9 月播种的萱草与高翠雀花、倒提壶等移苗工作，也在这个时期进行。在保持平衡种好的幼苗之间，种下郁金香的球根。活用被强风刮落的小枝、剪下的藤蔓以及胡枝子的枝条，用于制作菜园的栅栏以及栽培草莓用的篮子。里山花园独有的自然风光，实则是这个时期精心准备的成果。

冬季的菜园工作课程

除了越冬的叶片蔬菜外，其他开始的工作都是为了春季做准备。接下来总结一下这个时期要提前做的冬季工作。

课程一

移植秋种球根

大花葱在春季的菜园中有着压倒性的存在感。为了不让其熔化于夏季的炎热之中，在进入梅雨季节之前，与同伴五月小姐一起移植 40 个之前挖出的与新购入的球根。在从咖啡厅就可以看到的显眼的地方种下易生长的新球根，将以前挖出的球根尽可能种植在更靠里的位置。

1

2

3

1 每年都将大花葱与母菊组合种植。四处播撒种植的母菊虽然很快就会发新芽，但要到 4 月才会开花，与五月下旬开放的大花葱的花期稍有偏离。所以在 5 月的开园期间，不仅能欣赏到两种植物共同盛开时的姿态，母菊还能将大花葱枯萎的巨大叶片隐藏起来。将发出的芽从地里挖出，好好养育，让其盛开。2 向土中加入牛粪、化学合成肥料，将其弄平坦。留约 30cm 的间隔种植球根。3 挖深约为球根 3 倍高度的洞，将其埋下。活用木板，作为踏板使用。

课程二

准备一年生草

在 9 月完成播种的一年生草，在 12 月结束前完成移栽。越早扎根，便越能熬过寒冬。若霜柱生成，会连同根部一同覆盖，在那之前要为扎根争取时间。

课程三

整理方尖塔

木制的方尖塔式花架上攀缘着香豌豆。若是只用粗木编成，藤蔓或许不会缠得很牢，所以要在其中加些细竹条，这是让藤蔓更好缠绕的诀窍。因为新竹更美观，所以每年都会更换。

1

2

1 切掉庭院中生长的竹子的细长部分，去除所有叶片。分枝越多，藤蔓越容易向上攀缘，所以尽量保留分枝。2 将细竹放入方尖塔式花架内，让其小枝肆意飞出，固定方尖塔式花架，保证其不倾倒。

课程四

移动米勒·罗伯特的支柱

开满米勒·罗伯特红色花穗的支柱到 11 月才落下帷幕，之后支柱便用于栽培荚豌豆。5~6 月便可享受收获荚豌豆的乐趣。因为豆科的荚豌豆不喜欢连续在同一地点种植，所以每年都要更换支柱的地点。今年计划移动到右图箭头指示的区域。

课程五

将枝条变废为宝

只有在里山生长的齐藤，才会想到要充分利用里山中杉树的落枝、胡枝子、藤蔓。她笑着说："废物与宝藏只有一纸之隔哟。"正因有这样的想法，才能做到既不浪费枝叶，又与庭院气氛完美结合。

1 在里山的杉树林中提前收集落枝。因为形状弯曲各异，所以在收集时只能在脑中想象这个形状是否适用。

2 制作栅栏的工作由丈夫负责。用杉树枝构成的陈设十分自然。

3 用绳子在收割的胡枝子上进行多处固定，并浇上水，放置一晚。张牙舞爪的枝条便会变得柔软而易于打理。4 将其编制成篓筐，用于栽培草莓。加入足量的土，增加高度，使排水通畅。这是丈夫克之手工制作的。

5 庭院某处的藤蔓架。剪下的枝条与落枝，若不立刻使用，则要卷成环状进行保存。 6 在扔掉旧花园水桶时，保留其铁环部分，以其为轴，缠绕上藤蔓。需使用枝条的手工制品，都要靠丈夫克之帮助才得以完成。 7 缠绕三周左右藤蔓便可大功告成。若要使用剪下后过了一些时日的藤蔓，则需先浇水让它变得柔软，这样更易于打理。

再赏萧瑟之景
二寻其味
Second Interest

12月上旬，踏出庭院放眼望去，这便是二度寻味了。

所谓的再赏，即是品味花期后的花朵与凋零之态，传闻这个习惯源自欧洲，是在英国的威士利期间，相识的花园主传授的。那时才恍然大悟，置身于庭院之外，才能发现自家庭院还有如此多的可圈可点之处。在片刻之间尽情赏味。并非繁花似锦，也并非草木茂盛，而是这个时期特有的消逝之美——是否所有的花园主人都有这种疼爱自己的植物，直到最后一刻的心情呢？

1 月季“罗莎·莫勒蒂”的红叶。染得血红的叶片美得如痴如醉。
2 铁线莲“新欢”枯零的姿态构成个性十足的小树丛。
3 鼠尾草（*Salvia involucrata*）与丽色画眉草、金光菊“高尾”的二度欣赏。
4 秋牡丹的种子。丝绵般的白色种子如繁花一样美丽。

少花蜡瓣花的红叶也是再赏的场景之一。齐藤说：“虽然早春的黄色花朵也十分美丽，但红叶则造出更让人感动的场景。”

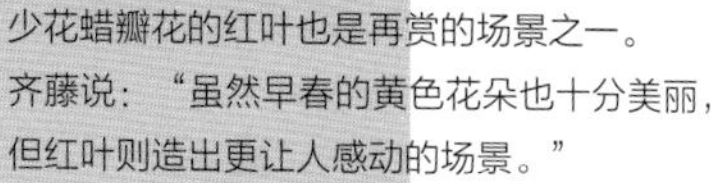

庭院中邂逅的有趣的再赏植物列表

① 柳枝稷“草原天空”
② 乱子草（*Muhlenbergia Lindheimer*）
③ 起绒草
④ 斑鸠菊
⑤ 黍属“托尔特雷斯”
⑥ 金光菊“高尾”
⑦ 红秋葵
⑧ 紫御谷
⑨ 白蔷薇
⑩ 粉黛乱子草

收集萧瑟之景，制成别有风情的花束。
一边在脑中想象着庭院中的花草，一边将其挨个儿扎束。

后　记

11 月中旬，秋季的开园期结束，在长舒一口气的同时，又为来年开始进行新一轮的造园活动而绷紧神经。

对花园的主人来说，冬季作业总是满载而归。

若有月季就更加完美了。

在年内种下数不清的球根与花草。

新年伊始时对月季进行牵藤、修剪、施肥。

工作结束时已经是 3 月中旬了。

从 4 月开始，又是春季的开园日。

虽然记录下工作之后会不禁发出“真是不容易”这样的感叹，但我也觉得挨个儿做这些工作是一种乐趣。

用手去感受土壤和植物的温度，一面被泥土的香味包围，一面去触摸植物，便能感到慢慢与自然融为一体，心情也因此变得平静。

太阳西沉，日暮渐薄之时，结束手中工作，脱下长靴，碎碎念着“啊，今天也很快乐”。

沉迷于庭院工作而得到的充实感，与昨天、去年相同，不言而喻，这就是幸福。

在经过人生的转折点后，能有这样充实的日子等待自己，这是年轻时所未曾想到的。

能够做着自己喜欢的事，是当下最大的幸福。

齐藤美江

日版工作人员
编辑　浦部亚纪子
设计　平井绘梨香　中川美纪
摄影　今坂雄贵

图书在版编目（CIP）数据

畅游菜园与花海：混合庭院设计与四季打理技巧 / 日本FG武藏编；龙亚琳译. — 北京：机械工业出版社，2020.8
（打造超人气花园）
ISBN 978-7-111-64909-0

Ⅰ.①畅… Ⅱ.①日… ②龙… Ⅲ.①庭院－园林设计 Ⅳ.①TU986.2

中国版本图书馆CIP数据核字（2020）第036094号

机械工业出版社（北京市百万庄大街22号　邮政编码100037）
策划编辑：马　晋　　责任编辑：马　晋
责任校对：王明欣　　责任印制：张　博
北京宝隆世纪印刷有限公司印刷

2020年5月第1版第1次印刷
187mm×260mm · 6印张 · 128千字
标准书号：ISBN 978-7-111-64909-0
定价：49.80元

电话服务
客服电话：010-88361066
　　　　　010-88379833
　　　　　010-68326294
封底无防伪标均为盗版

网络服务
机　工　官　网：www. cmpbook. com
机　工　官　博：weibo. com/cmp1952
金　　书　　网：www. golden-book. com
机工教育服务网：www. cmpedu. com